Ruby Jindal

Raízes do futuro: O imperativo da plantação de árvores hoje

Ruby Jindal

Raízes do futuro: O imperativo da plantação de árvores hoje

ScienciaScripts

Imprint

Cover image: www.ingimage.com

This book is a translation from the original published under ISBN 978-620-7-65170-2.

Publisher:
Sciencia Scripts
is a trademark of
Dodo Books Indian Ocean Ltd. and OmniScriptum S.R.L publishing group

120 High Road, East Finchley, London, N2 9ED, United Kingdom
Str. Armeneasca 28/1, office 1, Chisinau MD-2012, Republic of Moldova, Europe
Printed at: see last page
ISBN: 978-620-7-73777-2

Prefácio

Numa era de rápidas alterações ambientais, a importância da plantação de árvores nunca foi tão crítica. À medida que a humanidade se debate com os complexos desafios das alterações climáticas, da perda de habitat e do declínio da biodiversidade, a plantação de árvores surge como uma solução poderosa e essencial. Este livro, *Roots of Hope: The Imperative of Tree Plantation in Our Time (Raízes da Esperança: O Imperativo da Plantação de Árvores no Nosso Tempo)*, procura explorar os benefícios multifacetados da plantação de árvores e sublinhar o seu papel vital na abordagem de algumas das questões mais prementes da nossa era.

Há milénios que as árvores fazem parte integrante da saúde do nosso planeta e do nosso próprio bem-estar. São os pulmões da Terra, absorvendo dióxido de carbono e libertando oxigénio, sustentando assim a vida. Proporcionam habitats para inúmeras espécies, estabilizam o solo e regulam os ciclos da água. Além disso, as árvores oferecem benefícios económicos, sociais e culturais que enriquecem as nossas vidas e comunidades de inúmeras formas.

A urgência da plantação de árvores é sublinhada pelo ritmo acelerado da desflorestação. Todos os anos, milhões de hectares de florestas são perdidos para a expansão agrícola, o abate de árvores e o desenvolvimento urbano. Esta perda não só contribui para o aquecimento global, como também resulta na extinção de espécies, na perturbação dos ecossistemas e na diminuição da qualidade de vida das pessoas em todo o mundo.

Por

Dr. Ruby Jindal

(Universidade K.R. Mangalam, Gurugram, Haryana, Índia)

Índice

Introdução: A Renascença Verde

Numa época marcada por desafios ambientais sem precedentes, a importância da plantação de árvores nunca foi tão evidente. Enquanto nos debatemos com as alterações climáticas, a perda de biodiversidade e a expansão urbana, a plantação de árvores surge como uma solução simples mas poderosa. Este livro explora os benefícios multifacetados da plantação de árvores e sublinha porque é um imperativo para o nosso tempo.

Desafios ambientais do nosso tempo

O nosso mundo está atualmente a enfrentar uma convergência de crises ambientais significativas, cada uma das quais ameaça a saúde e a estabilidade do nosso planeta. As alterações climáticas, impulsionadas por emissões excessivas de gases com efeito de estufa provenientes de actividades humanas, estão a alterar os padrões meteorológicos, aumentando a frequência e a intensidade de fenómenos meteorológicos extremos e elevando as temperaturas globais. Este fenómeno provoca o degelo das calotas polares, a subida do nível do mar e a alteração dos ecossistemas, o que afecta tanto o ambiente humano como o natural.

A par das alterações climáticas, a biodiversidade está a diminuir a um ritmo alarmante. As actividades humanas, como a desflorestação, a poluição e a sobre-exploração dos recursos, estão a provocar a extinção de espécies a um ritmo sem paralelo na história. A perda de biodiversidade compromete a resiliência dos sistemas naturais, reduzindo a sua capacidade de prestar serviços essenciais como a polinização, a purificação da água e a fertilidade dos solos.

A expansão urbana agrava ainda mais estas questões. À medida que as cidades crescem, os espaços verdes são frequentemente sacrificados para dar lugar a infra-estruturas, levando à perda de árvores e habitats naturais. Esta expansão urbana contribui para o efeito de ilha de calor, em que as zonas urbanas se tornam significativamente mais quentes do que os seus arredores rurais devido às actividades humanas. Também aumenta a poluição e diminui a qualidade de vida dos residentes urbanos, tornando crucial encontrar soluções que integrem a natureza nas nossas paisagens urbanas.

O poder das árvores

No meio destes desafios ambientais, as árvores destacam-se como uma das ferramentas naturais mais eficazes que temos para combater estes problemas. As árvores actuam como sumidouros de carbono, absorvendo o dióxido de carbono da atmosfera e armazenando-o na sua biomassa através do processo de fotossíntese. Isto não só reduz a concentração de gases com efeito de estufa, como também liberta oxigénio, que é essencial para a sobrevivência da maioria dos organismos vivos. De facto, uma única árvore adulta pode absorver cerca de 48 libras de dióxido de carbono por ano, o que torna a reflorestação e a florestação estratégias vitais na luta contra as alterações climáticas.

Além disso, as árvores desempenham um papel fundamental no apoio à biodiversidade. Fornecem habitats e alimentos a uma vasta gama de espécies, desde insectos e aves a mamíferos e outras plantas. As florestas estão entre os ecossistemas com maior biodiversidade do planeta, albergando redes de vida complexas e interdependentes. Ao plantar árvores, podemos criar e restaurar ecossistemas, oferecendo um santuário à vida selvagem e preservando a intrincada rede de vida que sustenta o nosso planeta. Isto, por sua vez, ajuda a manter a diversidade genética necessária para a adaptação e resiliência das espécies face às alterações ambientais.

Benefícios urbanos e sociais

Nas zonas urbanas, as árvores oferecem inúmeros benefícios que vão para além do seu impacto ambiental. Melhoram a qualidade do ar, filtrando poluentes como o dióxido de azoto, o dióxido de enxofre e as partículas, que estão associados a doenças respiratórias e outros problemas de saúde. As árvores também reduzem a poluição sonora, actuando como barreiras sonoras, e a sua sombra ajuda a arrefecer os ambientes urbanos através do processo de transpiração, contrariando o efeito de ilha de calor. Este efeito de arrefecimento pode reduzir significativamente a necessidade de ar condicionado, diminuindo assim o consumo de energia e as emissões de gases com efeito de estufa.

A nível social, as árvores e os espaços verdes contribuem significativamente para o bem-estar da comunidade. Proporcionam espaços de recreio, relaxamento e interação social, que são essenciais para a saúde mental e a qualidade de vida em geral. Estudos demonstraram que o acesso a espaços verdes pode reduzir o stress, a ansiedade e a depressão, promovendo uma sensação de paz e tranquilidade. Os espaços verdes também incentivam a atividade física, que é crucial para prevenir doenças crónicas e manter a saúde física. Além disso, as florestas urbanas e as hortas comunitárias podem promover um sentido de comunidade, uma vez que as pessoas se juntam para plantar, cuidar e desfrutar destes espaços verdes.

Capítulo 1: A linha de vida ambiental

O papel das árvores nos ecossistemas

As árvores constituem a espinha dorsal dos nossos ecossistemas naturais. São fundamentais para a estabilidade e funcionalidade do ambiente, proporcionando uma série de benefícios ecológicos, económicos e sociais que sustentam a vida na Terra. A presença de árvores é crítica para a manutenção do equilíbrio ecológico, o suporte de diversas formas de vida e a estabilização do solo. Este capítulo analisa o papel multifacetado das árvores nos ecossistemas e destaca os seus contributos indispensáveis para a saúde do nosso planeta.

Manter o equilíbrio ecológico

As árvores são essenciais para manter o equilíbrio dos ecossistemas naturais. Interagem com vários componentes bióticos e abióticos, criando habitats e apoiando a biodiversidade. As florestas, que são dominadas por árvores, albergam cerca de 80% da biodiversidade terrestre. Estes ecossistemas suportam uma grande variedade de espécies vegetais e animais, cada uma desempenhando um papel único na intrincada teia da vida.

As árvores contribuem para o ciclo da água através do processo de transpiração, em que a água é absorvida pelas raízes a partir do solo e libertada para a atmosfera pelas folhas. Este processo é essencial para manter os ciclos hidrológicos regionais e globais. A transpiração das árvores aumenta a humidade atmosférica, o que pode influenciar os padrões meteorológicos e a precipitação. As florestas também actuam como filtros naturais da água, melhorando a sua qualidade através da retenção de poluentes e sedimentos, garantindo assim o abastecimento de água limpa aos ecossistemas a jusante e à utilização humana.

Apoio a diversas formas de vida

As árvores fornecem habitat, alimento e proteção a inúmeras espécies. Oferecem locais de nidificação para aves, abrigo para mamíferos e um substrato para plantas epífitas. A copa, o sub-bosque e o solo da floresta representam micro-habitats diferentes, suportando vários organismos adaptados a estas condições específicas. Por exemplo, o estrato de copa das florestas tropicais alberga numerosas espécies de aves, insectos e pequenos mamíferos que não se encontram noutros locais da floresta.

As árvores também suportam fungos e microrganismos, que formam relações simbióticas com as suas raízes. Os fungos micorrízicos, por exemplo, aumentam a absorção de nutrientes pelas árvores, recebendo em troca hidratos de carbono. Esta relação simbiótica é crucial para o ciclo de nutrientes e a fertilidade do solo. A decomposição da folhagem das árvores fornece matéria orgânica que enriquece o solo, apoiando uma comunidade diversificada de decompositores e detritívoros.

Estabilização do solo e prevenção da erosão

Os extensos sistemas de raízes das árvores desempenham um papel crucial na estabilização do solo e na prevenção da erosão. As raízes unem o solo, reduzindo o risco de deslizamentos de terras e a erosão do solo causada pelo vento e pela água. Isto é particularmente importante em regiões montanhosas e acidentadas, onde a erosão do solo pode ter efeitos devastadores na paisagem e nas povoações humanas.

As árvores também ajudam a manter a estrutura e a fertilidade do solo. As suas raízes criam canais no solo, promovendo o arejamento e a infiltração da água. Quando as folhas e os ramos caem e se decompõem, devolvem ao solo nutrientes essenciais, aumentando a sua fertilidade e apoiando o crescimento das plantas. Este ciclo de nutrientes é vital para a sustentabilidade dos ecossistemas e da agricultura.

Absorção de dióxido de carbono e libertação de oxigénio

As árvores são vitais para a saúde do nosso planeta devido ao seu papel no ciclo do carbono. Através da fotossíntese, as árvores absorvem o dióxido de carbono ($CO2$) da atmosfera e convertem-no em glicose e oxigénio. Este processo não só fornece a energia necessária para o crescimento e desenvolvimento da árvore, como também contribui para o equilíbrio global do carbono.

O oxigénio libertado pelas árvores é essencial para a sobrevivência da maioria dos organismos vivos. Uma árvore adulta e frondosa produz, numa estação, oxigénio suficiente para 10 pessoas inalarem durante um ano. Assim, as árvores desempenham um papel fundamental na manutenção da vida, repondo continuamente o fornecimento de oxigénio da Terra.

Sequestro de carbono: Uma solução natural

Uma das funções mais importantes das árvores é a sua capacidade de sequestrar carbono. O sequestro de carbono refere-se ao processo pelo qual as árvores e outras plantas absorvem $CO2$ da atmosfera e o armazenam na sua biomassa (troncos, ramos, folhas e raízes) e no solo. Este processo natural é uma ferramenta vital nos nossos esforços para reduzir as concentrações de gases com efeito de estufa e mitigar os efeitos das alterações climáticas.

O processo de fotossíntese

A fotossíntese é o processo pelo qual as plantas verdes, incluindo as árvores, convertem a energia luminosa do sol em energia química armazenada na glucose. Durante a fotossíntese, as árvores absorvem $CO2$ da atmosfera através das suas folhas. Este $CO2$, combinado com a água absorvida pelas raízes, é transformado em glicose e oxigénio utilizando a energia da luz solar. A glicose fornece energia e material de construção para a árvore, enquanto o oxigénio é libertado de volta para a atmosfera.

A fórmula da fotossíntese pode ser resumida da seguinte forma:

$$6\ CO2 + 6\ H2O + \text{energia luminosa} \rightarrow C6H12O6 + 6\ O2$$

Este processo, aparentemente simples, tem implicações profundas no ciclo do carbono da Terra. Ao converterem o CO2 atmosférico em compostos orgânicos de carbono, as árvores desempenham um papel crucial na redução da concentração global de gases com efeito de estufa.

Armazenamento de carbono na biomassa

As árvores armazenam carbono na sua biomassa ao longo da sua vida. À medida que crescem, absorvem CO2 da atmosfera e incorporam-no nos seus tecidos. Este carbono permanece armazenado na árvore enquanto esta vive e continua a sequestrar mais carbono à medida que cresce. Mesmo depois de uma árvore morrer, o carbono armazenado na sua madeira pode permanecer sequestrado durante décadas ou séculos, dependendo da forma como a madeira é utilizada ou se decompõe.

As florestas, especialmente as florestas antigas, são importantes reservatórios de carbono. Uma única árvore adulta pode armazenar várias toneladas de carbono, e um hectare de floresta pode armazenar centenas de toneladas. Esta capacidade de sequestro de carbono faz das florestas uma parte essencial da solução para as alterações climáticas.

Atenuação das alterações climáticas

O sequestro de carbono pelas árvores é uma forma natural e eficaz de mitigar as alterações climáticas. Ao absorverem CO2 da atmosfera, as árvores ajudam a reduzir a concentração global deste potente gás com efeito de estufa, que é um dos principais factores do aquecimento global. As florestas actuam como sumidouros de carbono, capturando e armazenando mais carbono do que aquele que libertam, compensando assim uma parte das emissões de CO2 induzidas pelo homem.

A reflorestação e a florestação são estratégias que podem aumentar o sequestro de carbono. A reflorestação envolve a replantação de árvores em áreas onde as florestas foram cortadas ou degradadas, enquanto a florestação envolve a plantação de árvores em áreas que não eram anteriormente florestadas. Ambas as estratégias podem aumentar significativamente a quantidade de carbono sequestrado, ajudando a combater as alterações climáticas.

Benefícios ambientais adicionais

Para além do sequestro de carbono, as árvores oferecem uma série de outros benefícios ambientais que contribuem para a mitigação e adaptação às alteraçoes climáticas. As árvores ajudam a arrefecer o planeta, proporcionando sombra e através do processo de transpiração, em que a água se evapora das folhas, criando um efeito de arrefecimento. Este efeito de arrefecimento pode reduzir a necessidade de ar condicionado nas zonas urbanas, diminuindo assim o consumo de energia e as emissões de CO2 associadas.

As árvores também aumentam a capacidade de resistência dos ecossistemas às alterações climáticas. Estabilizam o solo, reduzem o risco de inundações, melhorando a infiltração da água, e criam microclimas que podem proteger contra condições climatéricas extremas. Ao proteger e restaurar as florestas, podemos aumentar a capacidade de adaptação dos sistemas naturais e humanos aos impactos climáticos.

Conclusão

As árvores são indispensáveis para a saúde do nosso planeta. Desempenham um papel crucial na manutenção do equilíbrio ecológico, apoiando diversas formas de vida e estabilizando o solo. Através do processo de fotossíntese, as árvores absorvem dióxido de carbono e libertam oxigénio, o que as torna essenciais para a vida na Terra. A sua capacidade de sequestrar carbono é uma ferramenta vital nos nossos esforços para reduzir as concentrações de gases com efeito de estufa e atenuar as alterações climáticas.

À medida que continuamos a enfrentar os desafios da degradação ambiental e das alterações climáticas, a importância da plantação de árvores não pode ser sobrestimada. Ao compreender e aproveitar os muitos benefícios que as árvores proporcionam, podemos dar passos significativos em direção a um futuro mais sustentável e resiliente. As árvores são verdadeiramente a linha de vida ambiental que apoia e sustenta todas as formas de vida no nosso planeta.

Capítulo 2: A crise climática e as árvores

Atenuação das alterações climáticas

À medida que o mundo se debate com os impactos multifacetados das alterações climáticas, torna-se cada vez mais claro que é essencial uma abordagem abrangente e multifacetada para atenuar os seus efeitos. Uma das soluções mais naturais e económicas é a plantação de árvores. As árvores têm uma capacidade única de absorver dióxido de carbono (CO_2), um dos principais gases com efeito de estufa responsáveis pelo aquecimento global. Ao fazê-lo, ajudam a arrefecer o planeta e a reduzir o impacto do aquecimento global. Este capítulo explora as várias formas como as árvores contribuem para a mitigação das alterações climáticas e porque é que a sua preservação e expansão são cruciais para estes esforços.

O papel das árvores no sequestro de carbono

As árvores absorvem CO_2 durante o processo de fotossíntese, convertendo-o em glicose e oxigénio. Isto não só ajuda a produzir o oxigénio que respiramos, mas também a armazenar carbono na sua biomassa - troncos, ramos, folhas e raízes. Esta capacidade de sequestrar carbono faz das florestas sumidouros vitais de carbono. Segundo as estimativas, as florestas absorvem cerca de 2,4 mil milhões de toneladas métricas de CO_2 por ano, o que representa cerca de um terço das emissões de CO_2 provenientes de combustíveis fósseis.

Quando as árvores sequestram carbono, removem-no efetivamente da atmosfera, armazenando-o durante décadas ou mesmo séculos. Este carbono armazenado só é libertado de novo para a atmosfera quando as árvores são cortadas e queimadas ou se decompõem. Por conseguinte, a proteção das florestas existentes e a promoção da reflorestação e da florestação são estratégias fundamentais nos nossos esforços de atenuação das alterações climáticas.

Reflorestação e florestação

A reflorestação e a florestação são duas estratégias fundamentais para aumentar o sequestro de carbono. A reflorestação envolve a replantação de árvores em áreas onde as florestas foram cortadas ou degradadas. A florestação, por outro lado, envolve a plantação de árvores em áreas que não estavam anteriormente florestadas. Ambas as abordagens têm um potencial significativo para sequestrar carbono e contribuir para a atenuação das alterações climáticas.

A reflorestação ajuda a restaurar os ecossistemas que foram perturbados pela desflorestação, melhorando a biodiversidade e os serviços ecossistémicos. Além disso, estabiliza os solos, evita a erosão e melhora a qualidade da água. A florestação pode transformar terras áridas ou degradadas em ecossistemas produtivos, aumentando o sequestro de carbono e proporcionando inúmeros benefícios ambientais.

Proteção das florestas existentes

Embora a plantação de novas árvores seja importante, a proteção das florestas existentes é igualmente crucial. As florestas maduras armazenam grandes quantidades de carbono e continuam a sequestrar carbono a taxas significativas. A desflorestação, que envolve a remoção de árvores em grande escala, não só interrompe o processo de sequestro como também liberta o carbono armazenado de volta para a atmosfera, exacerbando o aquecimento global.

As políticas e iniciativas destinadas a proteger as florestas são vitais. Estas incluem a criação de áreas protegidas, a aplicação de leis contra o abate de árvores, a promoção de práticas sustentáveis de gestão das terras e o apoio às comunidades indígenas que actuam como guardiãs das florestas. Os esforços de conservação das florestas devem ser priorizados juntamente com a reflorestação e a florestação para maximizar os benefícios climáticos proporcionados pelas árvores.

As árvores e o ciclo do carbono

As árvores desempenham um papel vital no ciclo global do carbono. O ciclo do carbono é o processo pelo qual o carbono é trocado entre os oceanos, o solo, as rochas e a atmosfera da Terra. As árvores contribuem para este ciclo absorvendo CO2 durante a fotossíntese e armazenando carbono na sua biomassa. Quando as árvores morrem e se decompõem, ou quando são queimadas, o carbono armazenado é libertado de volta para a atmosfera.

A manutenção de um equilíbrio no ciclo do carbono é essencial para estabilizar o clima da Terra. As emissões excessivas de CO2 provenientes de actividades humanas, como a queima de combustíveis fósseis e a desflorestação, perturbam este equilíbrio, levando a um aumento dos níveis de CO2 atmosférico e ao aquecimento global. Ao sequestrarem carbono, as árvores ajudam a restaurar este equilíbrio e a mitigar os impactos das alterações climáticas.

As árvores como ar condicionado natural

Para além do seu papel na fixação do carbono, as árvores proporcionam benefícios de arrefecimento significativos através da sombra e da transpiração. Este efeito de arrefecimento natural é especialmente importante nas zonas urbanas, onde a concentração de edifícios, estradas e outras infra-estruturas cria o chamado efeito de "ilha de calor urbana".

O efeito de ilha de calor urbano

O efeito de ilha de calor urbana ocorre quando as zonas urbanas se tornam significativamente mais quentes do que os seus arredores rurais. Esta diferença de temperatura deve-se principalmente às actividades humanas e à modificação das superfícies terrestres. Os edifícios, as estradas e outras infra-estruturas absorvem e retêm o calor, conduzindo a temperaturas mais elevadas. Este efeito pode aumentar a procura de energia para ar condicionado, elevar os níveis de poluição atmosférica e contribuir para problemas de saúde relacionados com o calor.

Arrefecimento através da sombra

As árvores proporcionam sombra, o que reduz diretamente as temperaturas ao bloquear a luz solar. As áreas com sombra podem ser até 20-45°F mais frias do que as áreas sem sombra. Em ambientes urbanos, a plantação estratégica de árvores ao longo das ruas, em parques e em redor de edifícios pode reduzir significativamente as temperaturas da superfície e do ar. Este efeito de arrefecimento não só melhora o conforto como também reduz a necessidade de ar condicionado, levando a um menor consumo de energia e a emissões de gases com efeito de estufa.

Arrefecimento através da transpiração

Para além de proporcionarem sombra, as árvores arrefecem o ar através de um processo chamado transpiração. A transpiração ocorre quando as árvores absorvem água do solo e a libertam para a atmosfera através das suas folhas. Esta libertação de vapor de água tem um efeito de arrefecimento, semelhante à forma como a transpiração arrefece o corpo humano. A transpiração pode baixar significativamente a temperatura ambiente, aumentando o efeito global de arrefecimento das árvores.

Os efeitos combinados da sombra e da transpiração tornam as árvores altamente eficazes na atenuação do efeito de ilha de calor urbana. Ambientes urbanos mais frescos não só melhoram a habitabilidade como também têm um impacto positivo na saúde pública. As temperaturas mais baixas reduzem o risco de doenças e mortes relacionadas com o calor, particularmente entre as populações vulneráveis, como os idosos e as crianças.

Melhorar a qualidade do ar

As árvores também contribuem para melhorar a qualidade do ar nas zonas urbanas. Funcionam como filtros naturais do ar, retendo partículas e absorvendo poluentes como o dióxido de azoto, o dióxido de enxofre e o ozono. Este processo de filtragem ajuda a reduzir a concentração de poluentes nocivos no ar, conduzindo a condições de vida mais saudáveis.

Além disso, as árvores libertam oxigénio através do processo de fotossíntese, melhorando a qualidade geral do ar que respiramos. Foi demonstrado que a presença de árvores e espaços verdes reduz a incidência de doenças respiratórias, doenças cardiovasculares e outros problemas de saúde associados à má qualidade do ar.

Poupança de energia e benefícios climáticos

O efeito de arrefecimento das árvores traduz-se em poupanças de energia significativas. Ao reduzir as temperaturas, as árvores diminuem a necessidade de ar condicionado nos edifícios, o que leva a um menor consumo de energia. Esta redução no consumo de energia não só poupa dinheiro como também reduz as emissões de gases com efeito de estufa associadas à produção de eletricidade.

Estudos demonstraram que as árvores urbanas podem reduzir a utilização de energia para arrefecimento em 20-50%. Esta poupança de energia contribui para os esforços de atenuação das alterações climáticas ao diminuir a dependência dos combustíveis fósseis para a produção de eletricidade. Além disso, a presença de árvores pode aumentar o valor das propriedades, melhorar a estética da comunidade e proporcionar benefícios recreativos e psicológicos, tornando as cidades mais atractivas e habitáveis.

Conclusão

As árvores são aliadas inestimáveis na luta contra as alterações climáticas. A sua capacidade de sequestrar carbono torna-as uma solução natural e económica para reduzir os níveis de CO2 atmosférico. A reflorestação, a florestação e a conservação das florestas são estratégias essenciais para aumentar o sequestro de carbono e atenuar o aquecimento global.

Para além do sequestro de carbono, as árvores proporcionam benefícios de arrefecimento significativos através da sombra e da transpiração. Estes efeitos naturais de ar condicionado são cruciais para reduzir o efeito de ilha de calor urbana, baixar as temperaturas e melhorar a qualidade do ar nas cidades. Ao reduzir o consumo de energia para arrefecimento, as árvores também contribuem para a redução das emissões de gases com efeito de estufa e para a poupança de energia.

À medida que enfrentamos os desafios da crise climática, o papel das árvores na mitigação das alterações climáticas e na melhoria da habitabilidade urbana não pode ser subestimado. A proteção e expansão das nossas florestas, a plantação de árvores em zonas urbanas e a integração de espaços verdes no planeamento urbano são passos fundamentais para um futuro sustentável e resiliente. As árvores são verdadeiramente a linha de vida ambiental que apoia e sustenta todas as formas de vida no nosso planeta.

Capítulo 3: Biodiversidade e preservação do habitat

Florestas e bosques: Refúgios de Biodiversidade

As florestas e os bosques são ecossistemas vitais, repletos de uma incrível variedade de biodiversidade. Proporcionam habitats para inúmeras espécies de aves, mamíferos, insectos e plantas, desempenhando cada uma delas um papel crucial na manutenção do equilíbrio ecológico. As árvores, como elementos fundamentais destes habitats, suportam a complexa teia de vida que neles prospera. Ao plantar e proteger as árvores, podemos salvaguardar estes ecossistemas diversos e a miríade de espécies que lhes chamam casa.

A importância ecológica das florestas

As florestas cobrem cerca de 31% da superfície terrestre da Terra e albergam mais de metade das espécies terrestres do mundo. A complexidade estrutural das florestas, com os seus múltiplos estratos desde o solo florestal até ao dossel, cria uma variedade de nichos que suportam uma vasta gama de organismos. Esta biodiversidade é vital não só para a saúde dos ecossistemas, mas também para a resiliência destes sistemas face às alterações ambientais.

O solo da floresta, muitas vezes coberto de folhas e matéria orgânica em decomposição, proporciona um habitat para fungos, bactérias e invertebrados que decompõem a matéria orgânica, reciclando os nutrientes de volta para o solo. Este processo de decomposição é fundamental para a fertilidade do solo e o crescimento das plantas. Acima do solo da floresta, os arbustos e as plantas de sub-bosque oferecem alimento e abrigo a pequenos mamíferos, aves e insectos.

Mais acima, a camada de copa, constituída pelos ramos e folhas superiores das árvores, alberga aves, mamíferos e uma variedade de plantas epífitas, como as orquídeas e os fetos. Muitas espécies que vivem nas copas estão especialmente adaptadas à vida nas copas das árvores e desempenham papéis únicos na polinização, dispersão de sementes e outros processos ecológicos.

Habitats para aves e mamíferos

As aves são um dos grupos de animais mais visíveis que dependem das florestas. Diferentes espécies de aves habitam diferentes estratos da floresta, desde as que vivem no solo e procuram insectos e sementes até às que vivem nas copas e constroem ninhos no alto das árvores. As florestas fornecem locais de nidificação, fontes de alimento e proteção contra predadores, o que as torna essenciais para a vida das aves.

Os mamíferos também encontram refúgio nas florestas. Os grandes mamíferos, como os veados, os ursos e os primatas, dependem das florestas para se alimentarem e abrigarem. Os mamíferos mais pequenos, incluindo esquilos, morcegos e vários roedores, utilizam as árvores como locais de nidificação e como caminhos para se deslocarem em segurança através da floresta. Estes mamíferos desempenham papéis importantes na dispersão de sementes, na polinização e na manutenção da saúde do ecossistema florestal.

Insectos e outros invertebrados

Os insectos e outros invertebrados são frequentemente ignorados, mas são componentes essenciais dos ecossistemas florestais. Desempenham papéis cruciais na polinização, decomposição e como fonte de alimento para outros animais selvagens. Muitos insectos têm relações intrincadas com as árvores, como a polinização das flores ou a formação de galhas nas folhas e caules.

Escaravelhos, formigas, borboletas e abelhas são apenas alguns exemplos da vida diversificada dos insectos que prosperam nas florestas. Estes insectos não só contribuem para a saúde e regeneração da floresta, como também apoiam outros animais selvagens, fornecendo uma fonte de alimento essencial para aves, mamíferos e répteis.

Apoiar a diversidade vegetal

As árvores também suportam uma diversidade incrível de outras plantas, desde musgos e fetos a arbustos e flores silvestres. Estas plantas criam um rico sub-bosque que aumenta a complexidade estrutural da floresta e proporciona habitats adicionais para a vida selvagem. A diversidade da vida vegetal nas florestas contribui para a resiliência global do ecossistema, permitindo-lhe recuperar de perturbações e adaptar-se a condições variáveis.

Ao plantar e proteger as árvores, podemos ajudar a manter e restaurar estes intrincados ecossistemas, assegurando que a multiplicidade de espécies que deles dependem possa continuar a prosperar.

Preservação das espécies ameaçadas de extinção

Para além de apoiar a biodiversidade geral, as plantações de árvores e os esforços de conservação das florestas podem desempenhar um papel fundamental na preservação de espécies ameaçadas. A perda de habitat é um dos principais factores de ameaça e extinção de espécies. Ao restaurar habitats e criar corredores verdes, podemos ajudar a evitar a extinção e promover a biodiversidade.

Recuperação de habitats

Muitas espécies ameaçadas de extinção estão em risco porque os seus habitats naturais foram destruídos ou degradados por actividades humanas como a desflorestação, a agricultura e o desenvolvimento urbano. As plantações de árvores podem ajudar a restaurar estes habitats perdidos, fornecendo os recursos necessários para que as espécies ameaçadas sobrevivam e se reproduzam.

Por exemplo, os projectos de reflorestação podem restaurar terras degradadas, fornecendo alimento, abrigo e locais de reprodução para espécies que foram deslocadas. Ao selecionar cuidadosamente as espécies de árvores nativas da zona e que satisfazem as necessidades da vida selvagem local, podemos criar habitats que se assemelham aos ecossistemas originais.

Criação de corredores verdes

A fragmentação dos habitats é outra grande ameaça à biodiversidade. Quando as florestas são divididas em parcelas mais pequenas e isoladas, torna-se difícil para as espécies deslocarem-se entre elas. Este isolamento pode levar à consanguinidade, à redução da diversidade genética e a uma maior vulnerabilidade às alterações ambientais e às doenças.

Os corredores verdes, que são faixas de habitat natural que ligam manchas isoladas de floresta, podem ajudar a mitigar os efeitos da fragmentação. Estes corredores permitem que a vida selvagem se desloque livremente entre diferentes áreas, encontre companheiros e aceda a uma maior variedade de recursos. Ao plantar árvores para criar corredores verdes, podemos melhorar a conetividade do habitat e apoiar a sobrevivência a longo prazo de espécies ameaçadas.

Promoção da Biodiversidade

A biodiversidade não se refere apenas à preservação de espécies individuais, mas também à manutenção dos processos ecológicos que sustentam a vida. As plantações de árvores com o objetivo de promover a biodiversidade devem centrar-se na criação de florestas diversificadas e multifacetadas que proporcionem uma gama de habitats e recursos. Esta abordagem pode ajudar a garantir que os ecossistemas permaneçam saudáveis e resistentes, capazes de suportar uma grande variedade de espécies.

Para além da plantação de árvores, as práticas de gestão favoráveis à biodiversidade, como a proteção de árvores antigas, a regeneração natural e a manutenção de uma mistura de espécies e idades de árvores, podem aumentar o valor ecológico das plantações de árvores. Ao adotar estas práticas, podemos criar florestas ricas em biodiversidade e que contribuem para a conservação de espécies ameaçadas de extinção.

Estudos de caso e histórias de sucesso

Numerosos projectos de reflorestação e recuperação de habitats em todo o mundo demonstraram o potencial da plantação de árvores para apoiar espécies ameaçadas. Por exemplo, na Mata Atlântica do Brasil, os esforços de reflorestação ajudaram a restaurar habitats para o mico-leão-dourado, que se encontra em perigo crítico de extinção. Em Bornéu, os projectos de reflorestação estão a criar corredores para os orangotangos, permitindo-lhes deslocarem-se entre áreas florestais fragmentadas. Estas histórias de sucesso realçam a importância de esforços de conservação coordenados e o impacto positivo que a plantação de árvores pode ter na biodiversidade. Aprendendo com estes exemplos e aplicando estratégias semelhantes noutras regiões, podemos ajudar a preservar as espécies ameaçadas e a promover um planeta mais saudável e diversificado.

Conclusão

As florestas e os bosques albergam uma incrível variedade de biodiversidade. As árvores proporcionam habitats para inúmeras espécies de aves, mamíferos, insectos e plantas, apoiando a complexa rede de vida que delas depende. Ao plantar e proteger as árvores, podemos ajudar a manter e restaurar estes ecossistemas vitais, assegurando que as inúmeras espécies que deles dependem possam continuar a prosperar.

As plantações de árvores também desempenham um papel crucial na preservação de espécies ameaçadas de extinção, restaurando habitats e criando corredores verdes. Estes esforços ajudam a evitar a extinção e a promover a biodiversidade, contribuindo para a saúde geral e a resiliência dos ecossistemas. À medida que continuamos a enfrentar desafios ambientais, a importância das árvores no apoio à vida selvagem e na preservação da biodiversidade não pode ser exagerada. As árvores são verdadeiramente as casas da vida selvagem, fornecendo a base para ecossistemas vibrantes e prósperos

Capítulo 4: Saúde e bem-estar humanos

Benefícios para a saúde física

A presença de árvores e de espaços verdes está intrinsecamente ligada a numerosos benefícios para a saúde física. Enquanto purificadores naturais do ar, as árvores desempenham um papel crucial na melhoria da qualidade do ar, o que tem um impacto direto na saúde respiratória e na saúde pública em geral. Além disso, a disponibilidade de espaços verdes incentiva as actividades ao ar livre, promovendo a aptidão física e reduzindo o risco de doenças crónicas. Este capítulo explora as formas significativas em que as árvores contribuem para a nossa saúde física e bem-estar.

Melhorar a qualidade do ar

As árvores melhoram a qualidade do ar ao absorverem poluentes como o dióxido de azoto (NO2), o dióxido de enxofre (SO2), o monóxido de carbono (CO) e o ozono (O3) através das suas folhas. Também retêm partículas (PM), que incluem pó, fuligem e outras partículas minúsculas que podem penetrar profundamente nos pulmões e causar graves problemas de saúde. A capacidade das árvores para filtrar estes poluentes do ar reduz significativamente a incidência de doenças respiratórias como a asma, a bronquite e outras doenças pulmonares.

As zonas urbanas, onde a poluição do ar é frequentemente mais elevada devido ao tráfego, às actividades industriais e à produção de energia, beneficiam imenso com a presença de árvores. Estudos demonstraram que os bairros com maior densidade de árvores registam níveis mais baixos de poluição atmosférica e, consequentemente, taxas mais baixas de problemas respiratórios entre os residentes. As árvores actuam como um amortecedor natural, protegendo as comunidades dos efeitos nocivos do ar poluído e contribuindo para um ambiente de vida mais saudável.

Incentivar a atividade física

O acesso a espaços verdes é um fator-chave na promoção da atividade física. Os parques, os trilhos e as ruas arborizadas proporcionam ambientes convidativos para caminhar, correr, andar de bicicleta e outras formas de exercício. Estas actividades são cruciais para manter a forma física e prevenir doenças crónicas como a obesidade, as doenças cardíacas, a diabetes e a hipertensão.

Os espaços verdes também incentivam actividades recreativas que podem ser desfrutadas por pessoas de todas as idades e níveis de condição física. Quer se trate de um passeio de lazer no parque, de uma caminhada vigorosa pelos bosques ou de praticar desporto num espaço verde do bairro, estas actividades promovem a saúde cardiovascular, a força muscular e a aptidão física geral. Além disso, a atividade física regular está associada a um risco reduzido de muitas doenças crónicas, tornando o acesso a espaços verdes uma importante estratégia de saúde pública.

Redução das ilhas de calor urbanas

O efeito de arrefecimento das árvores em áreas urbanas, tal como discutido no capítulo anterior, também tem benefícios directos para a saúde. Ao reduzir o efeito de ilha de calor urbana, as árvores ajudam a baixar as temperaturas nas cidades, particularmente durante as vagas de calor. As temperaturas elevadas podem exacerbar problemas de saúde como a exaustão pelo calor, insolação e problemas cardiovasculares, especialmente entre populações vulneráveis como os idosos, crianças e pessoas com problemas de saúde pré-existentes.

As árvores proporcionam sombra e libertam humidade para o ar através da transpiração, o que pode reduzir significativamente a temperatura ambiente. Este efeito de arrefecimento não só torna os ambientes urbanos mais confortáveis, como também reduz os riscos para a saúde associados ao calor extremo. Além disso, as temperaturas mais baixas diminuem a procura de ar condicionado, o que pode reduzir ainda mais a poluição do ar e o consumo de energia.

Saúde mental e natureza

O impacto das árvores e dos espaços verdes na saúde mental é profundo e está bem documentado. Está provado que passar tempo na natureza reduz o stress, a ansiedade e a depressão, contribuindo para o bem-estar emocional geral. Esta secção explora as várias formas em que as árvores e os ambientes naturais melhoram a saúde mental e os mecanismos subjacentes que conduzem a estes benefícios.

Reduzir o stress e a ansiedade

Um dos benefícios mais imediatos de passar tempo na natureza é a redução do stress e da ansiedade. O ambiente natural proporciona um ambiente calmante e restaurador que ajuda os indivíduos a escapar às pressões da vida quotidiana. As imagens, os sons e os cheiros da natureza, como o farfalhar das folhas, o chilrear dos pássaros e o perfume das flores, têm um efeito calmante na mente e no corpo.

Estudos demonstraram que a exposição a ambientes naturais pode reduzir os níveis de cortisol, a principal hormona de stress do corpo. Passar algum tempo em espaços verdes, mesmo que por períodos curtos, pode levar a reduções significativas do stress e da ansiedade. Actividades como passear no parque, fazer jardinagem ou simplesmente sentar-se debaixo de uma árvore podem proporcionar uma pausa mental e promover o relaxamento.

Aliviar a depressão

Para além de reduzir o stress e a ansiedade, a natureza tem um impacto poderoso no alívio dos sintomas da depressão. Os espaços verdes oferecem um refúgio contra o ruído, a poluição e o ritmo frenético da vida urbana, proporcionando um ambiente de contemplação e rejuvenescimento mental. A presença de árvores e vegetação pode melhorar o humor e promover um sentimento de ligação ao mundo natural.

A investigação demonstrou que as pessoas que passam tempo em ambientes naturais registam melhorias no humor e uma redução dos sintomas depressivos. Verificou-se que actividades como os banhos de floresta, que envolvem a imersão num ambiente florestal e a vivência consciente do meio envolvente, têm efeitos terapêuticos na saúde mental. A tranquilidade e a beleza da natureza podem inspirar sentimentos de admiração e espanto, que estão ligados a emoções positivas e ao bem-estar mental.

Melhorar a função cognitiva

A natureza também desempenha um papel importante na melhoria das funções cognitivas. A exposição a espaços verdes tem sido associada a uma melhor atenção, memória e desempenho cognitivo. Este facto é particularmente importante em ambientes urbanos, onde os estímulos constantes e as exigências de atenção podem levar à fadiga mental e à redução da capacidade cognitiva.

Passar algum tempo na natureza permite que o cérebro recupere da sobre-estimulação dos ambientes urbanos. O conceito de "teoria da restauração da atenção" sugere que os ambientes naturais proporcionam uma experiência restauradora que ajuda a repor os recursos cognitivos. Isto pode levar a uma melhor concentração, criatividade e capacidade de resolução de problemas.

Proporcionar uma sensação de paz e tranquilidade

Os espaços verdes oferecem uma sensação de paz e tranquilidade que é difícil de encontrar em ambientes urbanos. A presença de árvores, plantas e paisagens naturais cria um ambiente sereno que promove o bem-estar emocional. Esta sensação de tranquilidade pode ajudar as pessoas a enfrentar os desafios da vida e a melhorar a sua qualidade de vida em geral.

Os ambientes naturais incentivam a atenção plena e a consciência do momento presente, que são importantes para a saúde mental. As práticas de atenção plena, como a meditação a pé numa floresta ou sentar-se calmamente junto a um riacho, podem melhorar a regulação emocional e a resiliência. Estas práticas ajudam os indivíduos a desenvolver uma ligação mais profunda consigo próprios e com o que os rodeia, promovendo uma sensação de paz interior.

Benefícios sociais e bem-estar da comunidade

As árvores e os espaços verdes também proporcionam benefícios sociais que contribuem para a saúde mental e o bem-estar da comunidade. Os parques e as zonas naturais funcionam como locais de reunião onde as pessoas podem contactar com amigos, familiares e vizinhos. Estas interacções sociais são importantes para criar um sentimento de comunidade e de pertença, que são essenciais para a saúde mental.

As hortas comunitárias, as florestas urbanas e os corredores verdes podem reunir as pessoas para trabalharem em projectos comuns, promovendo a cooperação e a coesão social. Estas actividades criam oportunidades de envolvimento social, reduzem os sentimentos de isolamento e promovem um sentido de responsabilidade colectiva pelo ambiente.

Conclusão

As árvores e os espaços verdes são vitais para a saúde e o bem-estar humanos. A sua presença está associada a numerosos benefícios para a saúde física, incluindo a melhoria da qualidade do ar, o aumento da atividade física e a redução dos efeitos da ilha de calor urbana. Estes benefícios contribuem para um ambiente de vida mais saudável e reduzem o risco de doenças crónicas.

Para além da saúde física, as árvores têm um impacto profundo na saúde mental. Passar tempo na natureza reduz o stress, a ansiedade e a depressão, melhora a função cognitiva e proporciona uma sensação de paz e tranquilidade. Os benefícios sociais dos espaços verdes também promovem o bem-estar e a coesão social da comunidade.

À medida que continuamos a enfrentar os desafios da urbanização e da degradação ambiental, a importância das árvores no apoio à saúde e ao bem-estar humanos não pode ser exagerada. Ao plantar e proteger as árvores, podemos criar comunidades mais saudáveis e habitáveis que nutrem tanto o nosso corpo como a nossa mente. As árvores são verdadeiramente a tábua de salvação que sustenta e melhora a nossa qualidade de vida.

Capítulo 5: Benefícios económicos e sociais

As árvores e as economias locais

As plantações de árvores oferecem benefícios económicos substanciais às economias locais, fornecendo uma variedade de recursos e criando numerosas oportunidades de emprego. O cultivo de árvores para produção de madeira, frutos, nozes e outros produtos pode servir como uma fonte sustentável de rendimento para as comunidades, ao mesmo tempo que apoia sectores como a silvicultura, a conservação e o turismo. Este capítulo explora a forma como as plantações de árvores podem contribuir para as economias locais e as implicações mais alargadas destes benefícios.

Recursos sustentáveis: Madeira, frutas e nozes

Um dos benefícios económicos mais directos das plantações de árvores é o fornecimento de recursos como a madeira, os frutos e as nozes. Estes produtos são vitais para várias indústrias e podem ser colhidos de forma sustentável para garantir a estabilidade económica a longo prazo.

- **Madeira**: A madeira proveniente de florestas bem geridas é um recurso renovável que apoia as indústrias da construção, do mobiliário e do papel. As práticas florestais sustentáveis garantem que as árvores são cortadas de forma responsável, permitindo que as florestas se regenerem e continuem a proporcionar benefícios económicos. Ao manter um equilíbrio entre o corte e a replantação, as comunidades podem garantir um fornecimento constante de madeira, preservando a saúde da floresta.
- **Frutos e nozes**: Árvores como a macieira, a nogueira e a amendoeira fornecem recursos alimentares valiosos que podem ser colhidos e vendidos localmente ou exportados. Estes produtos não só contribuem para a segurança alimentar, como também geram rendimentos para os agricultores e as empresas locais. A agrossilvicultura, que integra árvores com culturas e gado, aumenta a biodiversidade e a produtividade, aumentando ainda mais os rendimentos económicos.

Criação de emprego no sector da silvicultura e da conservação

As plantações de árvores e as actividades florestais criam uma variedade de oportunidades de emprego. Desde a plantação e manutenção das árvores até à colheita e transformação da madeira, as operações florestais requerem mão de obra qualificada e podem proporcionar emprego estável às populações locais.

- **Empregos na área da silvicultura**: Os empregos na área da silvicultura incluem funções como arboristas, silvicultores e madeireiros. Estes cargos são essenciais para gerir a saúde das florestas, efetuar colheitas de madeira e assegurar práticas sustentáveis. A formação e a educação no domínio da silvicultura podem melhorar as perspectivas de emprego e apoiar o desenvolvimento de carreiras nas zonas rurais.

- **Conservação e restauração**: Os esforços de conservação destinados a proteger e restaurar as florestas também criam empregos. Estes incluem funções de monitorização ambiental, gestão da vida selvagem e recuperação de habitats. Os projectos de conservação recebem frequentemente financiamento de organizações governamentais e não governamentais, proporcionando apoio económico adicional às comunidades locais.

Turismo e Lazer

As florestas saudáveis e as plantações de árvores atraem turistas, proporcionando uma fonte de rendimento sustentável para as comunidades. O ecoturismo, que se centra na experiência de ambientes naturais, pode ser particularmente benéfico para as economias locais. Os visitantes vêm para apreciar a beleza cénica, a vida selvagem e as oportunidades de lazer proporcionadas pelas florestas.

- **Ecoturismo**: As actividades de ecoturismo, como caminhadas, observação de aves e campismo, atraem entusiastas da natureza que gastam dinheiro em alojamento, alimentação e outros serviços. Este afluxo de visitantes pode estimular as empresas locais e criar postos de trabalho nos sectores da hotelaria, da orientação e dos transportes.

- **Oportunidades recreativas**: As florestas oferecem inúmeras oportunidades de lazer que melhoram a qualidade de vida e atraem visitantes. Estas incluem trilhos para caminhadas e ciclismo, áreas para piqueniques e campismo e cursos de água para pesca e passeios de barco. A utilização recreativa das florestas incentiva o desenvolvimento de infra-estruturas e serviços, impulsionando ainda mais as economias locais.

Silvicultura urbana e construção de comunidades

Nos meios urbanos, as árvores e os espaços verdes desempenham um papel crucial na melhoria da qualidade de vida e na promoção de um sentido de comunidade. As iniciativas de silvicultura urbana proporcionam beleza estética, reduzem a poluição sonora e criam espaços para a interação social e o envolvimento da comunidade. Esta secção examina a forma como as árvores urbanas contribuem para a construção da comunidade e os benefícios sociais que proporcionam.

Melhorar a qualidade de vida

As árvores urbanas contribuem para um ambiente mais agradável e habitável. A sua presença nas cidades oferece numerosos benefícios que melhoram a qualidade de vida dos residentes.

- **Beleza estética**: As árvores melhoram o aspeto visual das áreas urbanas, tornando as ruas, os parques e os bairros mais atractivos. Os espaços verdes proporcionam uma pausa do betão e do asfalto da vida citadina, oferecendo aos residentes um local para relaxar e desfrutar da natureza.

- **Redução da poluição sonora**: As árvores funcionam como barreiras sonoras naturais, absorvendo e desviando o ruído do tráfego, da construção e de outras actividades urbanas. Esta redução da poluição sonora pode levar a um ambiente de vida mais pacífico e melhorar o bem-estar geral dos residentes.

Promover a interação social e o envolvimento da comunidade

Os espaços verdes incentivam a interação social e promovem um sentido de comunidade. Os parques, os jardins comunitários e as ruas arborizadas proporcionam locais para as pessoas se reunirem, interagirem e participarem em actividades comunitárias.

- **Interação social**: As árvores e os espaços verdes criam ambientes onde é mais provável que as pessoas passem tempo ao ar livre, o que leva a maiores oportunidades de interação social. Quer se trate de vizinhos a conversar num parque ou de famílias a desfrutar de um piquenique, estas interacções ajudam a criar laços comunitários mais fortes.

- **Envolvimento da comunidade**: Os projectos de silvicultura urbana envolvem frequentemente a participação da comunidade, desde a plantação de árvores à manutenção de espaços verdes. Estas actividades promovem o envolvimento cívico e dão aos residentes um sentido de propriedade e orgulho no seu bairro. As hortas comunitárias, por exemplo, juntam as pessoas para cultivar alimentos, partilhar conhecimentos e apoiarem-se mutuamente.

Criar cidades habitáveis e coesas

As árvores urbanas contribuem para tornar as cidades mais habitáveis e coesas. Ao melhorar a qualidade ambiental e ao proporcionar espaços de recreio e socialização, as árvores melhoram a experiência urbana global.

- **Habitabilidade**: Os espaços verdes tornam as cidades mais habitáveis, proporcionando áreas de lazer, relaxamento e fuga ao stress urbano. O acesso a parques e espaços verdes está associado a níveis mais elevados de saúde física e mental, tornando as cidades mais atractivas para viver

- **Coesão**: As árvores e os espaços verdes podem ajudar a ultrapassar as divisões sociais, proporcionando áreas comuns onde pessoas de diferentes origens se podem reunir. Estes espaços promovem a inclusão e ajudam a fomentar um sentimento de comunidade e de pertença.

Valor económico das árvores urbanas

O valor económico das árvores urbanas vai para além dos seus benefícios estéticos e sociais. As árvores podem aumentar o valor das propriedades, reduzir os custos energéticos e contribuir para a gestão das águas pluviais.

- **Valores dos imóveis**: As propriedades localizadas perto de espaços verdes e ruas arborizadas tendem a ter valores de mercado mais elevados. A presença de árvores e paisagens bem cuidadas é uma caraterística desejável que pode atrair compradores e aumentar os preços dos imóveis.
- **Poupança de energia**: As árvores proporcionam sombra e reduzem as temperaturas, levando a um menor consumo de energia para o ar condicionado no verão. Isto não só poupa dinheiro aos residentes, como também reduz a procura nas redes eléctricas, contribuindo para a eficiência energética e a sustentabilidade.
- **Gestão das águas pluviais**: As árvores urbanas ajudam a gerir as águas pluviais, interceptando a precipitação, reduzindo o escoamento e promovendo a recarga das águas subterrâneas. Isto pode atenuar as inundações, reduzir o peso das infra-estruturas de águas pluviais e diminuir os custos associados à gestão da água.

Conclusão

Os benefícios económicos e sociais das árvores são profundos e de grande alcance. As plantações de árvores e as florestas apoiam as economias locais, fornecendo recursos valiosos, criando empregos e atraindo o turismo. Nas zonas urbanas, as árvores melhoram a qualidade de vida, reduzem a poluição sonora e promovem o envolvimento da comunidade. Contribuem para tornar as cidades mais habitáveis, coesas e economicamente vibrantes.

Ao reconhecer e aproveitar estes benefícios, podemos desenvolver estratégias que promovam a plantação e proteção de árvores, assegurando que as comunidades - tanto rurais como urbanas - colham os frutos. As árvores não só apoiam o nosso ambiente, como também desempenham um papel vital nas nossas economias e no nosso bem-estar social, realçando a interligação entre a natureza e a prosperidade humana

Capítulo 6: Significado cultural e espiritual

As árvores na mitologia e na religião

Ao longo da história, as árvores têm tido um profundo significado cultural e espiritual em várias sociedades. Aparecem de forma proeminente em mitos, lendas e textos religiosos, simbolizando a vida, o crescimento, a sabedoria e a interligação de todos os seres vivos. Este rico património sublinha a profunda ligação entre os seres humanos e as árvores, destacando a sua importância duradoura na nossa consciência colectiva.

As árvores nos mitos e lendas antigos

Em muitas culturas antigas, as árvores eram veneradas como entidades sagradas, frequentemente associadas a divindades e forças sobrenaturais. Estes mitos e lendas reflectem a admiração e a reverência com que os povos antigos viam as árvores.

- **A Yggdrasil nórdica**: Na mitologia nórdica, Yggdrasil, a Árvore do Mundo, é uma imensa árvore de freixo que liga os céus, a terra e o submundo. É considerada o eixo do mundo e é central para a cosmologia nórdica. Yggdrasil representa a estrutura do universo, simbolizando a interconexão, a resistência e a natureza cíclica da vida.
- **A Árvore da Vida na Mitologia Mesopotâmica**: Os antigos mesopotâmicos retratavam a Árvore da Vida na sua arte e literatura, simbolizando a vida eterna e a ligação divina entre o céu e a terra. Esta árvore sagrada era frequentemente representada com um disco solar alado e estava associada aos deuses que davam vida e sustento.
- **Os bosques sagrados celtas**: Os antigos celtas veneravam as árvores, acreditando que certas árvores possuíam propriedades sagradas e eram a morada de deuses e espíritos. Os bosques sagrados eram locais de culto e de rituais, sendo os carvalhos particularmente venerados. Os druidas, os sacerdotes celtas, realizavam cerimónias nestes bosques, realçando a importância espiritual das árvores.

As árvores nos textos e tradições religiosas

As árvores ocupam também um lugar importante nos textos e tradições religiosas, simbolizando a presença divina, a sabedoria e as lições de moral.

- **A Árvore do Conhecimento na Bíblia**: Na tradição judaico-cristã, a Árvore do Conhecimento do Bem e do Mal situa-se no Jardim do Éden. O seu fruto representa o conhecimento e o discernimento moral que advêm do livre arbítrio humano. O papel central da árvore na história de Adão e Eva sublinha a sua importância simbólica em temas como a tentação, a sabedoria e as consequências da escolha.

- **A árvore Bodhi no budismo**: A árvore Bodhi é sagrada no budismo porque foi debaixo dela que Siddhartha Gautama, o Buda, alcançou a iluminação. A árvore simboliza a sabedoria, a iluminação e o caminho para o despertar espiritual. Os peregrinos visitam Bodh Gaya, na Índia, para meditar sob os descendentes da árvore Bodhi original, procurando crescimento espiritual e compreensão.
- **A figueira-de-bengala no hinduísmo**: Na tradição hindu, a figueira-de-bengala é venerada como um símbolo da imortalidade e do divino. Representa a interligação da vida e o aspeto protetor do divino. A figueira-de-bengala é frequentemente associada ao deus Vishnu e é considerada um local de peregrinação e meditação.

Árvores simbólicas em várias culturas

Para além dos textos religiosos, as árvores aparecem em histórias e símbolos culturais de todo o mundo, representando vários aspectos da experiência humana.

- **A oliveira nas culturas mediterrânicas**: A oliveira é um símbolo de paz, sabedoria e prosperidade. Na Grécia antiga, era sagrada para Atena, a deusa da sabedoria, e estava associada à paz e à vitória. Os ramos de oliveira continuam a simbolizar a paz e a reconciliação em muitas culturas actuais.
- **A flor de cerejeira na cultura japonesa**: As flores de cerejeira, ou sakura, estão profundamente enraizadas na cultura japonesa, simbolizando a natureza transitória da vida. O breve e belo desabrochar da flor de cerejeira reflecte o conceito budista de impermanência e a apreciação dos momentos fugazes da vida.
- **A árvore baobá no folclore africano**: A árvore baobá, muitas vezes chamada de "Árvore da Vida", é central em muitos mitos e lendas africanas. É venerada pela sua capacidade de fornecer alimento, água e abrigo. No folclore, o baobá é visto como um símbolo da comunidade, da resiliência e da força vital da natureza.

As árvores como símbolos de vida e crescimento

Em muitas culturas, as árvores simbolizam a renovação, o crescimento e a continuidade da vida. Plantar uma árvore é muitas vezes visto como um ato de fé no futuro, um compromisso de nutrir a vida e um gesto de esperança e resiliência. Este simbolismo reflecte-se em várias práticas culturais, rituais e tradições.

Renovação e Resiliência

As árvores são símbolos poderosos de renovação e resiliência. A sua capacidade de resistir a condições adversas, de perder folhas e de crescer de novo todos os anos reflecte a capacidade humana de recuperação e crescimento.

- **Celebrações culturais das árvores**: Muitas culturas celebram as árvores e os seus ciclos de crescimento e renovação. Por exemplo, o Dia da Árvore nos Estados Unidos e festivais semelhantes de plantação de árvores em todo o mundo realçam a importância de plantar árvores para as gerações futuras. Estas celebrações realçam o ato simbólico da plantação como um compromisso para com a gestão ambiental e o desenvolvimento da vida.

- **Rituais e Cerimónias**: Em algumas culturas, as árvores são plantadas durante eventos significativos da vida, como nascimentos, casamentos e mortes. Estes rituais simbolizam a continuidade da vida e a esperança de um futuro próspero. Por exemplo, na tradição judaica, é costume plantar uma árvore quando uma criança nasce, simbolizando o crescimento e o potencial futuro da nova vida.

Crescimento e sabedoria

As árvores são frequentemente associadas à sabedoria, reflectindo a sua longa duração de vida e o conhecimento acumulado ao longo do tempo.

- **A sabedoria na tradição cultural**: Muitas culturas associam as árvores à sabedoria e ao conhecimento. Na mitologia grega antiga, a oliveira era uma dádiva de Atena, a deusa da sabedoria, que simbolizava a paz e a prosperidade. Do mesmo modo, em muitas culturas indígenas, os anciãos são frequentemente comparados a árvores velhas, vistos como seres sábios que fornecem orientação e apoio à comunidade.

- **Símbolos educativos e inspiradores**: As árvores servem como símbolos educativos, inspirando lições sobre crescimento, resiliência e a importância de cuidar do ambiente. Na literatura e na arte, as árvores simbolizam frequentemente o crescimento e o desenvolvimento pessoal das personagens, reflectindo o processo natural de amadurecimento e de aquisição de sabedoria.

A esperança e as gerações futuras

Plantar árvores é um ato de esperança, que simboliza a fé no futuro e o compromisso com o bem-estar das gerações vindouras.

- **Gestão ambiental**: As iniciativas de plantação de árvores são actos de gestão ambiental, realçando a responsabilidade de cuidar da Terra. Ao plantar árvores, as comunidades investem num futuro mais verde e mais saudável, demonstrando um compromisso com a sustentabilidade e a proteçao dos recursos naturais.

- **Legados para as gerações futuras**: As árvores plantadas hoje crescerão e amadurecerão, proporcionando benefícios para as gerações futuras. Esta perspetiva de longo prazo promove um sentido de ligação entre o presente e o futuro, encorajando acções que criarão um legado positivo. As árvores são monumentos vivos da visão e do cuidado daqueles que as plantaram, beneficiando o ambiente e a sociedade nos anos vindouros.

Conclusão

As árvores têm um profundo significado cultural e espiritual que transcende o tempo e a geografia. A sua presença em mitos, lendas e textos religiosos realça a profunda ligação entre os seres humanos e as árvores, reflectindo a sua importância simbólica como personificações da vida, do crescimento, da sabedoria e da renovação. Como símbolos de resiliência e esperança, as árvores inspiram acções que nutrem o ambiente e as gerações futuras.

Ao compreendermos e honrarmos o significado cultural e espiritual das árvores, podemos aprofundar o nosso apreço por estes seres vitais e reconhecer o seu papel essencial nas nossas vidas. Plantar e proteger as árvores não é apenas um imperativo ambiental, mas também um ato cultural e espiritual que nos liga ao nosso património e ao mundo natural. Ao fazê-lo, continuamos o legado daqueles que vieram antes de nós e abrimos caminho para um futuro mais harmonioso e sustentável.

Capítulo 7: Os desafios da desflorestação

Causas e consequências

A desflorestação é um dos problemas ambientais mais críticos que enfrentamos atualmente. Impulsionada por várias actividades humanas, como a expansão agrícola, a exploração madeireira e o desenvolvimento urbano, a desflorestação tem consequências profundas e muitas vezes irreversíveis, incluindo a perda de habitat, as alterações climáticas e o declínio da biodiversidade. Compreender estas causas é essencial para desenvolver soluções eficazes para atenuar e, eventualmente, inverter os efeitos prejudiciais da desflorestação.

Expansão agrícola

A expansão agrícola é o principal fator de desflorestação, sobretudo nas regiões tropicais. À medida que aumenta a procura global de alimentos, biocombustíveis e rações para o gado, as florestas estão a ser desbastadas para dar lugar a operações agrícolas em grande escala.

- **Agricultura de corte e queima**: Este método tradicional envolve o abate de florestas e a queima da vegetação para criar terra fértil para as culturas. Embora inicialmente produtiva, esta prática esgota rapidamente os nutrientes do solo, levando à degradação da terra e à necessidade de desmatar mais áreas florestais.
- **Agricultura comercial**: As monoculturas em grande escala, como o óleo de palma, a soja e a criação de gado, requerem terras extensas, o que leva ao abate generalizado de florestas. Estas indústrias são impulsionadas pelos mercados globais e resultam frequentemente em desflorestação significativa em regiões como a Amazónia, o Sudeste Asiático e a África Central.

Registo

A exploração madeireira, tanto legal como ilegal, é uma causa significativa da desflorestação. A madeira e os produtos de madeira são essenciais para a construção, a produção de papel e várias indústrias, o que leva a uma exploração florestal extensiva.

- **Exploração comercial de madeira**: As operações industriais de abate de árvores têm como alvo madeiras duras e macias valiosas, conduzindo a desmatamentos florestais em grande escala. Mesmo o abate seletivo, que se concentra em espécies específicas de árvores, pode causar danos ecológicos significativos e aumentar o risco de mais desflorestação.
- **Exploração madeireira ilegal**: Em muitas regiões, a exploração madeireira ilegal é desenfreada, impulsionada pela fraca governação, corrupção e elevada procura de madeira. Esta atividade não regulamentada não só esgota os

recursos florestais, como também compromete os esforços de conservação e as práticas de gestão sustentável.

Desenvolvimento urbano

A urbanização e o desenvolvimento de infra-estruturas são factores adicionais que contribuem para a desflorestação. À medida que as populações crescem e as cidades se expandem, as florestas são desbravadas para dar lugar a estradas, habitações e instalações industriais.

- **Projectos de infra-estruturas**: Os projectos de infra-estruturas de grande escala, tais como auto-estradas, barragens e caminhos-de-ferro, atravessam frequentemente áreas florestais, fragmentando os ecossistemas e abrindo regiões anteriormente inacessíveis a uma maior desflorestação.
- **Expansão urbana**: A expansão das áreas urbanas para terras rurais e florestais leva à conversão de habitats naturais em ambientes construídos, reduzindo a cobertura florestal e alterando os ecossistemas locais.

Consequências da desflorestação

As consequências da desflorestação são profundas e de grande alcance, com impacto no ambiente, no clima e na biodiversidade.

Perda de habitat e declínio da biodiversidade

Uma das consequências mais imediatas e devastadoras da desflorestação é a perda de habitat. As florestas albergam uma vasta gama de espécies, muitas das quais são endémicas e dependem destes ecossistemas para sobreviver.

- **Risco de extinção**: À medida que as florestas são destruídas, inúmeras espécies perdem os seus habitats, o que leva ao declínio das populações e, em alguns casos, à extinção. Esta perda de biodiversidade diminui a resistência dos ecossistemas e reduz a diversidade genética, crucial para a adaptação a condições ambientais em mudança.
- **Perturbação dos ecossistemas**: A remoção de árvores e vegetação perturba o intrincado equilíbrio dos ecossistemas florestais. A perda de espécies-chave pode levar a efeitos em cascata, alterando as redes alimentares e os processos ecológicos.

Alterações climáticas

A desflorestação contribui significativamente para as alterações climáticas, aumentando as emissões de gases com efeito de estufa e reduzindo a capacidade da Terra para absorver dióxido de carbono.

- **Emissões de carbono**: As árvores armazenam dióxido de carbono na sua biomassa e, quando são cortadas e queimadas, este carbono é libertado para a atmosfera. A desflorestação é responsável por cerca de 10-15% das emissões globais de carbono, agravando o aquecimento global e a instabilidade climática.

- **Redução do sequestro de carbono**: As florestas actuam como sumidouros de carbono, absorvendo o dióxido de carbono da atmosfera. A perda de áreas florestais reduz a capacidade do planeta para sequestrar carbono, acelerando ainda mais a acumulação de gases com efeito de estufa.

Erosão e degradação dos solos

A remoção de árvores e vegetação desestabiliza o solo, levando ao aumento da erosão e da degradação da terra.

- **Erosão do solo**: As árvores e as plantas fixam o solo com as suas raízes, impedindo a erosão pelo vento e pela água. A desflorestação deixa o solo exposto e vulnerável, levando à perda de solo fértil e à diminuição da produtividade agrícola.
- **Degradação dos solos**: A desflorestação contínua e as más práticas de gestão dos solos podem resultar na degradação dos mesmos, reduzindo a sua capacidade de suportar a vegetação e conduzindo, em casos graves, à desertificação.

Perturbação do ciclo da água

As florestas desempenham um papel crucial na regulação do ciclo da água, influenciando os padrões de precipitação, a recarga das águas subterrâneas e mantendo a estabilidade das bacias hidrográficas.

- **Precipitação alterada**: A desflorestação pode alterar os padrões de precipitação locais e regionais, levando a mudanças na distribuição e intensidade da precipitação. Isto pode causar secas nalgumas zonas e o aumento das inundações noutras.
- **Qualidade da água**: A perda do coberto florestal afecta a qualidade da água, aumentando a sedimentação e o escoamento para os rios e ribeiros. Isto pode levar à poluição da água, prejudicando os ecossistemas aquáticos e reduzindo a disponibilidade de água limpa para consumo humano e agricultura.

Impactos globais e locais

Os impactos da desflorestação fazem-se sentir tanto a nível global como local, afectando os sistemas climáticos, a biodiversidade e as comunidades humanas. A luta contra a desflorestação exige esforços coordenados a todos os níveis para atenuar estas consequências de grande alcance.

Impactos globais

A desflorestação tem repercussões significativas a nível mundial, contribuindo para as alterações climáticas e a perda de biodiversidade à escala planetária.

- **Sistemas climáticos**: A desflorestação perturba os sistemas climáticos da Terra, conduzindo a fenómenos meteorológicos mais extremos, alterando os padrões de precipitação e aumentando as temperaturas globais. Estas alterações têm efeitos em cascata na agricultura, nos recursos hídricos e na saúde humana.

- **Hotspots de Biodiversidade**: Muitos dos hotspots de biodiversidade do mundo estão localizados em florestas tropicais. A perda destas florestas leva à extinção de numerosas espécies, reduzindo a biodiversidade global e os serviços ecossistémicos que esta proporciona.

Impactos locais

Os impactos locais da desflorestação são igualmente profundos, afectando as comunidades que dependem das florestas para a sua subsistência, cultura e bem-estar.

- **Povos indígenas e comunidades locais**: Muitos povos indígenas e comunidades locais dependem das florestas para obter alimentos, abrigo, medicamentos e práticas culturais. A desflorestação ameaça o seu modo de vida, levando à deslocação e à perda de conhecimentos e práticas tradicionais.

- **Consequências económicas**: As economias locais que dependem dos recursos florestais são gravemente afectadas pela desflorestação. A perda de florestas pode levar à redução dos rendimentos provenientes da madeira, dos produtos florestais não lenhosos e do turismo, agravando a pobreza e a instabilidade económica.

Luta contra a desflorestação

O combate à desflorestação exige uma abordagem multifacetada, que envolve alterações políticas, práticas sustentáveis e o envolvimento da comunidade.

Política e governação

Políticas eficazes e uma governação forte são cruciais para combater a desflorestação. Os governos devem implementar e fazer cumprir regulamentos que protejam as florestas e promovam uma utilização sustentável dos solos.

- **Áreas protegidas**: O estabelecimento e a gestão de áreas protegidas podem ajudar a conservar habitats florestais críticos e a biodiversidade. Estas áreas devem ser eficazmente monitorizadas e aplicadas para evitar actividades ilegais.

- **Políticas sustentáveis de utilização dos solos**: Os governos devem promover políticas sustentáveis de utilização dos solos que equilibrem o desenvolvimento económico com a conservação do ambiente. Os incentivos à agricultura sustentável, à silvicultura e à reflorestação podem encorajar práticas que protejam as florestas.

Práticas sustentáveis

A adoção de práticas sustentáveis na agricultura, silvicultura e gestão de terras é essencial para reduzir a desflorestação.

- **Agroflorestação**: A integração de árvores nos sistemas agrícolas pode melhorar a produtividade, aumentar a biodiversidade e reduzir a pressão para desbravar mais terras florestais. As práticas agroflorestais incluem a plantação de árvores ao lado de culturas e a incorporação de espécies de árvores que proporcionam benefícios económicos.

- **Silvicultura sustentável**: A implementação de práticas de silvicultura sustentável garante que a madeira e os produtos florestais não-madeireiros são extraídos de forma a manter a saúde e a produtividade da floresta. Isto inclui o abate seletivo, técnicas de abate de impacto reduzido e sistemas de certificação como o Forest Stewardship Council (FSC).

Envolvimento da comunidade e educação

O envolvimento das comunidades locais e a sensibilização para a importância das florestas são componentes essenciais de estratégias de desflorestação eficazes.

- **Conservação liderada pela comunidade**: Capacitar as comunidades locais para gerir e proteger as suas florestas pode conduzir a resultados de conservação mais eficazes e sustentáveis. As iniciativas de conservação lideradas pela comunidade envolvem frequentemente abordagens participativas que incorporam conhecimentos e práticas tradicionais.

- **Educação ambiental**: Educar o público sobre a importância das florestas e as consequências da desflorestação pode promover uma cultura de conservação. Os programas de educação ambiental podem ser implementados nas escolas, nas comunidades e através de campanhas nos media.

Cooperação internacional

A desflorestação é uma questão global que exige cooperação e colaboração internacionais. Os países têm de trabalhar em conjunto para combater os factores subjacentes à desflorestação e promover o desenvolvimento sustentável.

- **Iniciativas globais**: Iniciativas internacionais como o programa REDD+ das Nações Unidas (Redução das Emissões da Desflorestação e da Degradação Florestal) têm como objetivo fornecer incentivos financeiros aos países em desenvolvimento para que reduzam a desflorestação e promovam uma gestão sustentável das florestas.

- **Colaboração transfronteiriça**: Os países que partilham ecossistemas florestais, como as nações da bacia amazónica, devem colaborar em esforços de conservação transfronteiriços. As iniciativas conjuntas podem abordar os impactos regionais da desflorestação e promover respostas coordenadas.

Conclusão

A desflorestação representa uma ameaça significativa para o nosso ambiente, clima e biodiversidade. As suas causas, incluindo a expansão agrícola, a exploração madeireira e o desenvolvimento urbano, são impulsionadas por factores socioeconómicos complexos que exigem soluções abrangentes. As consequências da desflorestação são de grande alcance, com impacto nos ecossistemas, nos sistemas climáticos e nas comunidades humanas, tanto a nível global como local.

A luta contra a desflorestação exige esforços coordenados a vários níveis, desde o envolvimento da comunidade local até à cooperação internacional. Através da implementação de políticas eficazes, da adoção de práticas sustentáveis e da promoção de uma cultura de conservação, podemos atenuar os impactos da desflorestação e trabalhar para um futuro mais sustentável e resiliente.

Os desafios da desflorestação são assustadores, mas com uma ação concertada e um compromisso de proteção das nossas florestas, podemos preservar estes ecossistemas vitais para as gerações futuras. As árvores não são apenas essenciais para a saúde do nosso planeta, mas também para o bem-estar de todos os que delas dependem, o que realça a necessidade urgente de combater a desflorestação e promover a gestão sustentável das florestas.

Capítulo 8: Iniciativas bem sucedidas de plantação de árvores

Estudos de casos de todo o mundo

Em todo o mundo, iniciativas bem sucedidas de plantação de árvores fornecem exemplos inspiradores do que pode ser alcançado quando as comunidades, os governos e as organizações se juntam para combater a desflorestação e promover a reflorestação. Estes estudos de caso apresentam uma variedade de abordagens, desde projectos de reflorestação em grande escala a esforços de plantação liderados pela comunidade, oferecendo ideias e lições valiosas para futuros empreendimentos.

1. A Grande Muralha Verde, África

Visão geral A Grande Muralha Verde é um projeto ambicioso que visa combater a desertificação e a degradação dos solos na região do Sahel, em África. Iniciado pela União Africana em 2007, o projeto abrange 11 países e visa recuperar 100 milhões de hectares de terras degradadas até 2030.

Estratégias-chave

- **Envolvimento da comunidade**: O projeto envolve fortemente as comunidades locais, assegurando que os esforços de reflorestação vão ao encontro das suas necessidades e obtêm o seu apoio.
- **Técnicas de agroflorestação**: A combinação da plantação de árvores com práticas agrícolas ajuda a melhorar a fertilidade do solo, a aumentar o rendimento das colheitas e a proporcionar fontes adicionais de rendimento aos agricultores locais.
- **Gestão sustentável dos solos**: As iniciativas de formação e de reforço das capacidades ensinam aos agricultores locais práticas sustentáveis de gestão das terras, reduzindo a erosão dos solos e melhorando a retenção de água.

Realizações

- Recuperação significativa de terras degradadas, conduzindo a uma melhor qualidade dos solos e a um aumento da produtividade agrícola.
- Aumento da biodiversidade e dos serviços ecossistémicos, contribuindo para a resiliência climática e a segurança alimentar.
- Reforço do envolvimento e da capacitação da comunidade, com as populações locais a assumirem papéis activos na gestão dos seus recursos naturais.

2. O tsunami de um bilião de árvores, Paquistão

Visão geral Lançado em 2014 pelo governo provincial de Khyber Pakhtunkhwa, o Billion Tree Tsunami do Paquistão tinha como objetivo restaurar as florestas e combater as alterações climáticas através de esforços maciços de plantação de árvores.

O projeto visava plantar mil milhões de árvores até 2018, um objetivo que foi alcançado com êxito.

Estratégias-chave

- **Apoio do Governo**: O forte empenho político e o financiamento do governo provincial garantiram o êxito do projeto.
- **Parcerias Público-Privadas**: As colaborações com organizações não governamentais, entidades do sector privado e comunidades locais aumentaram a escala e o impacto da iniciativa.
- **Monitorização e avaliação**: Processos rigorosos de monitorização e avaliação garantiram a transparência e a responsabilização, acompanhando o progresso e as taxas de sobrevivência das árvores plantadas.

Realizações

- A plantação bem sucedida de mais de mil milhões de árvores, aumentando significativamente o coberto florestal na região.
- Melhoria da biodiversidade e da saúde do ecossistema, com habitats restaurados para a vida selvagem.
- Criação de oportunidades de emprego e de meios de subsistência para as comunidades locais, dinamizando a economia regional.

3. Plant-for-the-Planet, Global

Visão geral A Plant-for-the-Planet é uma iniciativa global fundada por Felix Finkbeiner, um jovem estudante alemão, em 2007. A organização tem como objetivo plantar um trilião de árvores em todo o mundo para combater as alterações climáticas e promover a sustentabilidade ambiental.

Estratégias-chave

- **Envolvimento dos jovens**: A iniciativa capacita as crianças e os jovens para a ação, promovendo a gestão ambiental e a liderança entre a geração mais jovem.
- **Rede global**: Construir uma rede global de parceiros, incluindo escolas, empresas e governos, para apoiar os esforços de plantação de árvores.
- **Educação e sensibilização**: Realização de campanhas educativas e workshops de sensibilização para a importância da plantação de árvores e da ação climática.

Realizações

- Plantação bem sucedida de milhões de árvores em todo o mundo, com uma contribuição significativa para os esforços globais de reflorestação.

- Aumento da sensibilização e do ativismo ambiental entre os jovens, criando uma nova geração de líderes ambientais.
- Reforço da cooperação e das parcerias mundiais para fazer face às alterações climáticas e promover o desenvolvimento sustentável.

4. Missão Índia Verde, Índia

Descrição geral A Missão Índia Verde, lançada em 2010 como parte do Plano de Ação Nacional da Índia sobre as Alterações Climáticas, visa aumentar a cobertura florestal e arbórea em todo o país. A missão centra-se na recuperação de ecossistemas degradados, no aumento do sequestro de carbono e na melhoria da biodiversidade.

Estratégias-chave

- **Abordagem holística**: Integrar a plantação de árvores com práticas de conservação, agricultura sustentável e gestão da água para garantir benefícios ecológicos a longo prazo.
- **Participação da comunidade**: Envolver as comunidades locais, especialmente as populações indígenas e rurais, no planeamento e implementação de projectos de reflorestação.
- **Apoio político**: Desenvolvimento de políticas de apoio e de mecanismos de financiamento para facilitar a plantação de árvores em grande escala e a recuperação de florestas.

Realizações

- Aumento significativo do coberto florestal e arbóreo, contribuindo para a atenuação das alterações climáticas e a conservação da biodiversidade.
- Melhoria dos meios de subsistência e da capacidade de resistência das comunidades locais através de práticas sustentáveis de utilização dos solos.
- Serviços ecossistémicos melhorados, como a regulação da água, a conservação do solo e o armazenamento de carbono.

5. Os esforços de reflorestação da Costa Rica

Visão geral A Costa Rica tornou-se um líder mundial na reflorestação e conservação das florestas. Nas últimas décadas, o país implementou políticas e iniciativas para restaurar a sua cobertura florestal, que tinha sido gravemente reduzida devido à desflorestação.

Estratégias-chave

- **Pagamento por Serviços de Ecossistema (PES)**: Implementação de programas PES que fornecem incentivos financeiros aos proprietários de terras para conservar e restaurar florestas.

- **Áreas Protegidas e Parques Nacionais**: Expansão das áreas protegidas e dos parques nacionais para salvaguardar a biodiversidade e promover a reflorestação.
- **Turismo sustentável**: Promover o ecoturismo como uma fonte de rendimento sustentável que apoia os esforços de conservação.

Realizações

- Duplicação do coberto florestal de 26% na década de 1980 para mais de 52% atualmente.
- Aumento da biodiversidade e preservação de habitats críticos para a vida selvagem.
- Benefícios económicos do turismo sustentável e dos serviços ecossistémicos, contribuindo para o desenvolvimento nacional.

Lições aprendidas e melhores práticas

A análise destas iniciativas bem sucedidas de plantação de árvores revela várias lições fundamentais e boas práticas que podem ser aplicadas a futuros esforços de reflorestação. Estas incluem a importância de selecionar as espécies certas, envolver as comunidades locais e assegurar cuidados e manutenção a longo prazo.

1. Seleção da espécie certa

A escolha de espécies de árvores adequadas para a reflorestação é crucial para o sucesso e a sustentabilidade das iniciativas de plantação de árvores. As principais considerações incluem:

- **Espécies nativas**: Dar prioridade às espécies nativas adaptadas ao ambiente local garante melhores taxas de sobrevivência e compatibilidade ecológica.
- **Diversidade**: A plantação de uma mistura diversificada de espécies aumenta a resiliência do ecossistema e proporciona uma gama mais alargada de serviços ecossistémicos.
- **Adequação**: Considerar as condições ecológicas e climáticas específicas do local de plantação para selecionar as espécies que irão prosperar.

2. Envolvimento das comunidades locais

O envolvimento das comunidades locais nas iniciativas de plantação de árvores é essencial para o seu sucesso e sustentabilidade. O envolvimento efetivo da comunidade inclui:

- **Planeamento participativo**: Envolver os membros da comunidade nos processos de planeamento e de tomada de decisões para garantir que as suas necessidades e conhecimentos são integrados.

- **Reforço de capacidades**: Fornecer formação e recursos para capacitar as comunidades locais a gerir e manter as plantações de árvores.
- **Partilha de benefícios**: Assegurar que as comunidades recebem benefícios tangíveis, tais como melhores meios de subsistência e serviços de ecossistema, dos esforços de reflorestação.

3. Assegurar a manutenção e os cuidados a longo prazo

O êxito das iniciativas de plantação de árvores depende dos cuidados e da manutenção a longo prazo. As principais estratégias incluem:

- **Monitorização e avaliação**: Implementação de sistemas sólidos de monitorização e avaliação para acompanhar o progresso e a saúde das árvores plantadas, permitindo intervenções atempadas.
- **Gestão sustentável**: Desenvolver planos de gestão que incluam actividades de manutenção regulares, como a rega, a monda e a proteção contra pragas e doenças.
- **Gestão comunitária**: Fomentar um sentido de propriedade e de gestão entre as comunidades locais para assegurar o cuidado e a proteção contínuos das plantações de árvores.

4. Apoio político e financiamento

Um forte apoio político e um financiamento adequado são fundamentais para o êxito das iniciativas de reflorestação. Políticas e mecanismos de financiamento eficazes incluem:

- **Incentivos**: Fornecimento de incentivos financeiros, tais como subsídios, subvenções e programas PES, para encorajar os proprietários de terras e as comunidades a empenharem-se na reflorestação.
- **Regulamentação**: Aplicação de regulamentos para evitar o abate ilegal de árvores e a conversão de terras, e para promover práticas sustentáveis de utilização das terras.
- **Cooperação internacional**: Potenciar o apoio e o financiamento internacionais através de iniciativas e parcerias globais para aumentar a escala e o impacto dos esforços de reflorestação.

5. Integração da reflorestação no desenvolvimento sustentável

As iniciativas bem sucedidas de plantação de árvores integram frequentemente a reflorestação com objectivos mais amplos de desenvolvimento sustentável. Isto inclui:

- **Agroflorestação**: Combinação da plantação de árvores com práticas agrícolas para aumentar a segurança alimentar, melhorar a saúde do solo e aumentar os rendimentos dos agricultores.

- **Ecoturismo**: Promover o ecoturismo como uma fonte de rendimento sustentável que apoia os esforços de conservação e reflorestação.
- **Adaptação ao clima**: Utilizar a reflorestação como estratégia para criar resiliência climática através da recuperação de ecossistemas, do aumento da disponibilidade de água e da proteção contra catástrofes naturais.

Conclusão

Os estudos de casos de iniciativas bem sucedidas de plantação de árvores em todo o mundo demonstram o potencial transformador dos esforços de reflorestação. Aprendendo com estes exemplos e aplicando as melhores práticas, podemos aumentar a eficácia e a sustentabilidade de futuros projectos de plantação de árvores. Selecionar as espécies certas, envolver as comunidades locais, assegurar cuidados e manutenção a longo prazo, garantir apoio político e financiamento e integrar a reflorestação no desenvolvimento sustentável são estratégias fundamentais para alcançar impactos positivos duradouros. Enquanto continuamos a enfrentar os desafios da desflorestação e da degradação ambiental, estas lições oferecem esperança e orientação para um futuro mais verde e mais sustentável.

Capítulo 9: Como participar

Starting Local: Projectos comunitários

Os indivíduos e as comunidades têm o poder de causar impactos ambientais significativos através de projectos locais de plantação de árvores. Começar estas iniciativas pode parecer assustador, mas com a orientação e os recursos correctos, qualquer pessoa pode contribuir para tornar o seu ambiente mais verde. Este capítulo fornece conselhos práticos sobre como iniciar e manter projectos de plantação de árvores baseados na comunidade.

1. Organização de eventos de plantação

Guia passo-a-passo para organizar um evento de plantação de árvores

- **Identificar a necessidade**: Determine as áreas da sua comunidade que mais beneficiariam com a plantação de árvores. Considere espaços como parques, recintos escolares, terrenos baldios e ao longo das ruas.
- **Formar uma equipa**: Reúna um grupo de voluntários apaixonados pela plantação de árvores. Este grupo pode incluir amigos, familiares, vizinhos e grupos ambientais locais.
- **Planear o evento**: Defina uma data e hora para o evento de plantação de árvores. Certifique-se de que é uma altura conveniente para a maioria dos voluntários e tenha em conta a melhor época de plantação para a sua região.
- **Obter autorizações**: Obter as autorizações necessárias das autoridades locais ou dos proprietários de terras para plantar árvores na área escolhida. Isto pode implicar contactar os serviços municipais, as direcções das escolas ou os proprietários de propriedades privadas.
- **Escolha as árvores certas**: Seleccione espécies de árvores que sejam nativas da sua região e adequadas ao local de plantação específico. Consulte os viveiros locais, os departamentos florestais ou as organizações ambientais para obter orientação.
- **Reúna os materiais**: Certifique-se de que tem todas as ferramentas e materiais necessários, tais como pás, luvas, cobertura vegetal e equipamento de rega. Providencie o transporte das árvores e do equipamento para o local de plantação.
- **Plantar as árvores**: No dia do evento, dê uma breve orientação aos voluntários sobre as técnicas de plantação correctas. Certifique-se de que as árvores são plantadas corretamente e que lhes são prestados os cuidados iniciais adequados, incluindo a rega e a cobertura vegetal.

- **Acompanhamento**: Após o evento, estabeleça um calendário de manutenção para garantir que as árvores recém-plantadas recebem cuidados contínuos. Isto pode envolver rega regular, remoção de ervas daninhas e controlo de pragas ou doenças.

2. Envolvimento com as autoridades e organizações locais

Criação de parcerias

- **Contactar as autoridades locais**: Contacte o governo local ou os serviços municipais para discutir os seus planos de plantação de árvores. Poderão prestar apoio em termos de autorizações, recursos ou financiamento.

- **Colaborar com escolas e centros comunitários**: Faça parcerias com escolas locais, centros comunitários e grupos de jovens para envolver mais pessoas nos seus esforços de plantação de árvores. Estas instituições têm frequentemente a mão de obra e o entusiasmo necessários para apoiar projectos ambientais.

- **Trabalhar com organizações ambientais**: Muitas organizações sem fins lucrativos dedicam-se à reflorestação e à conservação do ambiente. A parceria com esses grupos pode fornecer conhecimentos valiosos, recursos e apoio voluntário adicional.

Acesso a recursos e financiamento

- **Subsídios e donativos**: Procure subsídios de organismos governamentais, fundações ambientais e programas de responsabilidade social de empresas. Muitas organizações oferecem financiamento para projectos ambientais baseados na comunidade.

- **Apoio em espécie**: Procure doações de árvores, ferramentas e materiais de empresas locais, viveiros e centros de jardinagem. As contribuições em espécie podem reduzir significativamente os custos associados aos projectos de plantação de árvores.

- **Crowdfunding**: Lance uma campanha de financiamento coletivo para angariar fundos para a sua iniciativa de plantação de árvores. Utilize plataformas como o GoFundMe ou o Kickstarter para chegar a um público mais vasto e reunir apoio financeiro.

Programas educativos

- **Workshops e formação**: Organizar workshops e sessões de formação sobre plantação de árvores, cuidados e a importância da reflorestação. A educação da comunidade pode levar a uma participação mais informada e sustentada.

- **Programas escolares**: Desenvolver programas e actividades educativas para as escolas que realcem a importância das árvores e da conservação ambiental. O envolvimento dos alunos pode fomentar um sentido de gestão ambiental desde tenra idade.

Esforços globais e como contribuir

Embora os esforços locais sejam vitais, a escala global das iniciativas de reflorestação oferece inúmeras oportunidades para os indivíduos contribuírem para além das suas comunidades imediatas. Ao apoiar e participar em campanhas globais, podemos enfrentar coletivamente os desafios da desflorestação e das alterações climáticas.

1. Participar em iniciativas globais

Campanhas mundiais proeminentes de plantação de árvores

- **A Iniciativa Trilião de Árvores**: Uma colaboração entre a WWF, a BirdLife International e a Wildlife Conservation Society, esta iniciativa tem como objetivo proteger e restaurar as florestas em todo o mundo. As pessoas podem apoiar esta iniciativa através de donativos e acções de sensibilização.
- **Uma árvore plantada**: Esta organização sem fins lucrativos centra-se em projectos globais de reflorestação. Por cada dólar doado, é plantada uma árvore. Os indivíduos podem contribuir financeiramente ou participar em eventos de plantação de voluntários organizados pelo grupo.
- **Ecosia**: Este motor de busca utiliza as suas receitas publicitárias para financiar projectos de plantação de árvores em todo o mundo. Basta utilizar o Ecosia para efetuar pesquisas na Internet para apoiar indiretamente os esforços de reflorestação.
- **O Movimento Cintura Verde**: Fundada pela laureada com o Prémio Nobel Wangari Maathai, esta organização centra-se na conservação ambiental e no desenvolvimento comunitário em África. Os donativos e o apoio de voluntários ajudam a promover os seus projectos de reflorestação e desenvolvimento sustentável.

2. Apoiar a reflorestação através de donativos

Contribuições financeiras efectivas

- **Pesquise e escolha organizações de renome**: Certifique-se de que as organizações que apoia têm um historial comprovado e utilizam os fundos de forma transparente. Sites como Charity Navigator e GuideStar fornecem classificações e informações detalhadas sobre várias organizaçoes sem fins lucrativos.
- **Contribuições regulares**: Considere a possibilidade de efetuar donativos mensais para dar um apoio consistente às iniciativas de reflorestação. As contribuições regulares ajudam as organizações a planear e executar projectos a longo prazo de forma mais eficaz.

- **Programas de equiparação do empregador**: Verifique se a sua entidade patronal oferece programas de donativos equivalentes. Muitas empresas igualam as contribuições de caridade dos seus empregados, duplicando efetivamente o impacto do seu donativo.

3. Defesa e sensibilização

Difundir a palavra

- **Redes sociais**: Utilize as plataformas das redes sociais para partilhar informações sobre os esforços de reflorestação e a importância da plantação de árvores. Interaja com as campanhas gostando, partilhando e comentando as suas publicações para aumentar a sua visibilidade.
- **Divulgação na comunidade**: Organize sessões informativas, apresentações e debates na sua comunidade para aumentar a consciencialização sobre os esforços globais de reflorestação. Faça parcerias com bibliotecas locais, centros comunitários e grupos ambientais para alcançar um público mais vasto.
- **Advocacia política**: Defender políticas que apoiem a reflorestação e a conservação ambiental. Contacte os seus representantes locais, participe em consultas públicas e apoie a legislação destinada a proteger e restaurar as florestas.

4. Envolvimento prático

Voluntariado para projectos internacionais

- **Participe de expedições de plantio**: Algumas organizações oferecem oportunidades para participar em expedições de plantação de árvores no estrangeiro. Estas experiências práticas podem ser uma forma gratificante de contribuir diretamente para os esforços de reflorestação, ao mesmo tempo que se aprende sobre diferentes ecossistemas e culturas.
- **Voluntariado baseado em competências**: Ofereça as suas competências profissionais para apoiar projectos de reflorestação. Isto pode incluir conhecimentos em gestão de projectos, angariação de fundos, marketing ou áreas técnicas como a silvicultura e as ciências ambientais.
- **Ecoturismo**: Escolha opções de eco-turismo que apoiem projectos de reflorestação e conservação. Ao visitar áreas reflorestadas e participar em actividades de plantação locais, pode contribuir financeiramente e na prática para os esforços em curso.

Conclusão

O envolvimento em iniciativas de plantação de árvores e de reflorestação, a nível local ou global, constitui uma forma poderosa de contribuir para a conservação do ambiente e a atenuação das alterações climáticas. Começando com projectos comunitários, os indivíduos podem ter um impacto tangível no seu ambiente imediato. O envolvimento com as autoridades e organizações locais, o acesso a recursos e financiamento e a implementação de programas educativos são passos fundamentais para iniciativas locais bem sucedidas. A uma escala global, o apoio a campanhas de reflorestação proeminentes através de donativos, defesa de causas e envolvimento prático expande o alcance e a eficácia dos esforços individuais. Juntos, podemos plantar as sementes para um futuro mais verde e mais sustentável.

Conclusão: Plantando para o futuro

Visão para um futuro mais verde

O futuro do nosso planeta depende das acções que tomamos hoje. À medida que enfrentamos desafios ambientais crescentes, desde as alterações climáticas à perda de biodiversidade, o papel da plantação de árvores torna-se cada vez mais vital. As árvores são mais do que apenas um recurso natural; são a força vital dos nossos ecossistemas, fornecendo serviços essenciais que sustentam todas as formas de vida na Terra. Ao adotar a plantação de árvores, comprometemo-nos a criar um mundo mais verde, mais saudável e mais sustentável para as gerações futuras.

A nossa visão para um futuro mais verde envolve um esforço coletivo para restaurar e expandir as nossas florestas. Imagine cidades sombreadas por copas luxuriantes, zonas rurais rejuvenescidas por florestas vibrantes e paisagens áridas transformadas em habitats prósperos. Esta visão não é apenas um sonho idealista, mas uma realidade viável que podemos alcançar através de esforços concertados e de um empenhamento firme.

Os benefícios da plantação de árvores vão muito para além dos óbvios ganhos ambientais. As árvores são uma fonte de beleza e inspiração, promovendo uma sensação de paz e de ligação com a natureza. Melhoram o nosso bem-estar mental e físico, apoiam as economias locais e reforçam o tecido das nossas comunidades. Ao plantar árvores, estamos a plantar esperança, resiliência e um legado de gestão do ambiente.

Tomar medidas hoje

O momento de agir é agora. Cada árvore plantada hoje é um passo em direção a um planeta mais sustentável e resiliente. Plantar árvores é uma ação simples mas poderosa que cada um de nós pode tomar para combater os desafios ambientais prementes que enfrentamos. Quer seja através da participação em projectos comunitários locais, do apoio a iniciativas globais de reflorestação ou da defesa de políticas que protejam as nossas florestas, todos temos um papel a desempenhar.

Passos para tomar medidas:

1. **Comece localmente:** Participe em projectos comunitários de plantação de árvores. Organize ou participe em eventos locais, colabore com escolas, centros comunitários e organizações ambientais para plantar e cuidar de árvores no seu bairro.
2. **Apoiar os esforços globais:** Contribua para campanhas globais de reflorestação. Faça donativos a organizações de renome, participe em acções de sensibilização e espalhe a consciência sobre a importância da reflorestação.

3. **Educar e inspirar:** Partilhar conhecimentos sobre os benefícios das árvores e a necessidade de reflorestação. Realize workshops, faça apresentações e utilize as redes sociais para inspirar outras pessoas a agir.

4. **Defender a mudança de políticas:** Apoiar políticas e iniciativas que promovam a plantação de árvores e a conservação das florestas. Contacte os representantes locais, participe em consultas públicas e apoie a legislação destinada à proteção ambiental.

5. **Sustentar o esforço:** Assegurar que os projectos de plantação de árvores são apoiados por cuidados e manutenção a longo prazo. Envolver as comunidades locais para fomentar um sentido de propriedade e de gestão das árvores plantadas.

Cultivando as raízes do futuro

Plantar árvores é mais do que um dever ambiental; é uma promessa às gerações futuras. É um compromisso de deixar para trás um mundo mais rico, mais verde e mais vibrante do que aquele que herdámos. Quando plantamos as sementes hoje, alimentamos as raízes de amanhã, assegurando que os benefícios das nossas acções se farão sentir nos anos vindouros.

A viagem em direção a um futuro mais verde requer colaboração, dedicação e uma determinação inabalável. Juntos, podemos transformar a nossa visão em realidade, criando um mundo onde as florestas florescem, a vida selvagem prospera e a humanidade vive em harmonia com a natureza. Vamos embarcar juntos nesta viagem, uma árvore de cada vez, alimentando as raízes do futuro para um futuro sustentável e próspero.

Ao agirmos hoje, lançamos as bases para um futuro em que os benefícios ambientais, económicos e sociais das árvores sejam plenamente realizados. Plantemos as sementes da esperança e da resiliência, assegurando que o nosso legado seja de crescimento, renovação e gestão duradoura do nosso precioso planeta.

Referências

1. Brockerhoff E.G.et al. **Role of eucalypt and other planted forests in biodiversity conservation and the provision of biodiversity-related ecosystem services**. Forest. Ecol. Manag. 2013; **301**: 43-50

2. Bonnesoeur V. et al. **Impactos das florestas e da florestação nos serviços hidrológicos nos Andes: uma revisão sistemática**. Forest. Ecol. Manag. 2019; **433**: 569-584

3. Miranda A.et al. **Perda de floresta nativa no hotspot de biodiversidade chileno: revelando as evidências**. Reg. Environ. Change. 2017; **17**: 285-297

4. Gómez-González S. et al. **Portugal e Chile: A saudade de uma silvicultura sustentável enquanto renasce das cinzas**. Environ. Sci. Policy. 2018; **81**: 104-107

5. Ojeda F. **Florestação de pinheiros, herriza e incêndios: uma história de erosão do solo e perda de biodiversidade na região mediterrânica**. Int. J. Wildland Fire. 2020; **29**: 1142-1146

6. Domke G.M. et al. **A plantação de árvores tem o potencial de aumentar a capacidade de sequestro de carbono das florestas nos Estados Unidos**. Proc. Natl. Acad. Sci. U. S. A. 2020; **117**: 24649-24651

7. Gómez-González S. et al. **Afforestation falls short as a biodiversity strategy. Science**. 2020; **368**: 1439

8. Núñez M.A. et al. **Should tree invasions be used in treeless ecosystems to mitigate climate change?** Front. Ecol. Environ. 2021; **19**: 334-341

9. Bommarco R. et al. **Ecological intensification: harnessing ecosystem services for food security**. Trends Ecol. Evol. 2013; **28**: 230-238

10. Montesinos D. **Intensificação ecológica da floresta**. Trends Plant Sci. 2019; **24**: 484-486

11. Mori A.S. et al. **Biodiversity-productivity relationships are key to nature-based climate solutions**. Nat. Clim. Change. 2021; **11**: 543-550

12. Zhang Y. et al. **Forest productivity increases with evenness, species richness and trait variation: a global meta-analysis**. J. Ecol. 2012; **100**: 742-749

13. Vilà M. et al. **Disentangling biodiversity and climate determinants of wood production**. PLoS One. 2013; 8e53530

14. Liu C.L.C. et al. **Mixed-species versus monocultures in plantation forestry: development, benefits, ecosystem services and perspectives for the future**. Glob. Ecol. Conserv. 2018; 15e00419

MIX
Papier aus verantwortungsvollen Quellen
Paper from responsible sources
FSC® C105338

Printed by Books on Demand GmbH, Norderstedt / Germany